AF313139

NOTICE GÉOLOGIQUE

SUR LE

DÉPARTEMENT DE L'AUDE

EXTRAIT

DE L'ANNUAIRE POUR 1868-69

PAR

M. TOURNAL

MEMBRE DE LA SOCIÉTÉ GÉOLOGIQUE DE FRANCE.

CARCASSONNE,

IMPRIMERIE DE L. POMIÉS, RUE DE LA MAIRIE, 50.

1868.

NOTICE GÉOLOGIQUE

DÉPARTEMENT DE L'AUDE

EXTRAIT

DE L'ANNUAIRE POUR L'ANNÉE 1868-69

PAR

M. TOURNAL

Membre de la Société géologique de France.

NOTICE GÉOLOGIQUE

SUR

LE DÉPARTEMENT DE L'AUDE,

Par M. TOURNAL,

Membre de la Société géologique de France.

En écrivant cette Notice géologique sur le département de l'Aude, nous sommes à la fois limités par le temps, puisqu'on nous accorde quinze jours seulement pour sa rédaction, et par l'espace, puisque les bornes d'un Annuaire sont nécessairement fort restreintes. Ces circonstances ne nous permettant pas de coordonner d'une manière très-méthodique les divers éléments de ce travail, la description suivante devra être considérée comme un simple recueil d'observations faites pendant de fréquents voyages, et comme un résumé des travaux de nos prédécesseurs.

Désirant mettre, autant que possible, cette notice à la portée des personnes peu familiarisées avec l'étude des sciences naturelles, nous donnerons d'abord quelques notions générales sur la géologie.

L'écorce terrestre accessible à nos recherches, se compose d'un certain nombre de couches pierreuses superposées dans un ordre déterminé. Ces couches ont été disposées, par bancs horizontaux, dans des eaux salées, saumatres ou douces, et pendant des milliers de siècles : les plus anciennes sont à la base, les plus nouvelles se trouvent à la surface. Des soulèvements, des affaissements, des dislocations de tout genre, ont profondément modifié la disposition primitive des couches : on les voit maintenant plonger dans toutes les directions , il en existe même de verticales , d'autres ont été complètement renversées , de telle sorte que dans ce dernier cas les plus modernes supportent les plus anciennes.

La géologie a pour but de déterminer l'ordre de succession de ces divers dépôts , d'étudier les causes qui ont modifié leurs caractères minéralogiques , de comparer entr'elles les couches situées sur divers points du globe , de faire connaître les plantes et les animaux qui ont précédé la population actuelle , et dont les empreintes ou les débris sont ensevelis dans les roches sédimentaires de divers âges (fossiles) ; enfin, de rendre compte des phénomènes qui modifient la surface actuelle de la terre , et de ceux qui ont leur source au-dessous de cette même surface.

Il était indispensable , pour faciliter l'étude de cette science , d'établir des divisions et de créer, comme on l'a toujours fait pour les diverses branches de l'histoire naturelle, une nomenclature ou terminologie. Ces divisions n'ont d'autre but que de soulager la mémoire , ce sont de véritables abstractions de notre esprit , plus ou moins méthodiques , car tout est parfaitement ordonné dans le monde , tout se lie , tout s'enchaîne. Il est évident, en effet , qu'en examinant les phénomènes géologiques à un point de vue général , on ne tarde pas à s'apercevoir que tous les sédiments forment une série continue : on ne pourrait soutenir le contraire qu'en admettant l'existence de phénomènes surnaturels , de révolutions universelles, qui auraient bouleversé dans un moment donné , ou du moins dans une période de temps très-courte, toute la surface de la terre. De pareils changements à vue ne se voient qu'à l'opéra. Tous les géologues qui se préoccupent seulement de la vérité ont rélégué ces croyances dans le domaine des fables et des légendes. On remarque, il est vrai, lorsqu'on borne ses observations à une région limitée , des changements brusques dans la nature des roches et des fossiles , changements occasionnés surtout par les soulèvements des grandes chaînes de montagnes ; mais il est permis de dire , en examinant l'ensemble des dépôts sédimentaires , et les fossiles qu'ils renferment , que ces dépôts forment une série non interrompue , et que les diverses espèces de plantes et d'animaux qui ont successivement peuplé le globe avant l'apparition de l'homme , passent de l'une à l'autre par des modifications insensibles et se rapprochent , de plus en plus , des types actuels. Tout semble indiquer, en un mot, que les espèces n'ont pas et n'ont jamais eu de limites infranchissables, qu'elles ont été lentement modifiées par suite des changements survenus dans le milieu qu'elles habitaient, que ces modifications ont pu se transmettre et se fixer par la génération, qu'en d'autres termes, comme l'a dit le célèbre Darwin, l'*élection naturelle* et la *concurrence vitale* ont donné lieu aux diverses formes animales et végétales, que ces formes ont été fixées par l'hérédité, et que les espèces dont les formes étaient les plus parfaites ont triomphé au dépends de celles qui leur étaient inférieures.

Cette manière de voir soulève encore, nous ne l'ignorons pas, des difficultés sérieuses, mais il est évident qu'elle répugne moins à l'esprit que celle qui explique le développement et la transmission successive de la vie à la surface du globe, par des créations spontanées et intermittentes. L'examen de ce qui se passe maintenant sous nos yeux ne peut donner à ce sujet que de bien vagues notions, parce que nos observations ne remontent qu'à une époque peu éloignée, tandis que la géologie nous fait connaître les modifications survenues dans la température et la composition chimique de l'atmosphère du globe, dans la forme des continents et dans la distribution de mers pendant des milliers et des milliers de siècles.

Les nouvelles découvertes géologiques ont rendu indispensable l'emploi d'un grand nombre de divisions et de subdivisions des terrains sédimentaires ; mais plusieurs géologues avaient étrangement abusé de cette nécessité. Considérant les environs de leur clocher comme un petit monde, ils avaient la prétention d'imposer à l'univers une terminologie dont la valeur était purement locale. C'est ainsi que nous avions été envahis, et nous le sommes peut-être encore beaucoup trop, par une avalanche de désignations grecques, latines, belges, anglaises, allemandes, russes, espagnoles, parisiennes et bourguignonnes. Ces prétentions ne tendaient à rien moins qu'à la confusion des langues et à mettre la science dans les mots au lieu de mettre les mots dans la science. Hâtons-nous de dire que ces divergences apparentes n'infirment en rien la valeur des observations géologiques, puisque, ainsi que nous l'avons déjà fait observer, les classifications et la nomenclature qui en découle ne sont que de pures abstractions de notre esprit, et qu'elles n'ont d'autre but que de faciliter l'étude en soulageant la mémoire. L'époque n'est probablement pas éloignée où la terminologie pourra s'appliquer à des contrées très-étendues, et même à toutes les régions du globe.

On est aujourd'hui d'accord de prendre pour base d'une bonne classification tous les éléments fournis par l'examen direct du sol, savoir les caractères minéralogiques, géologiques et stratigraphiques.

Le plus simple examen de l'écorce du globe révèle, de prime abord, deux divisions principales :

1° Les roches cristallisées ou primitives (granites, porphyres, gneiss, etc.), et les éruptions ignées de divers âges ;

2° Les roches sédimentaires, disposées par couches, et renfermant des débris organiques.

Cette division fut adoptée par les premiers observateurs. La mythologie étant encore à cette époque en grande vénération, ils désignèrent les premières par les noms de *Plutoniennes* ou *Vulcaniennes*, et les secondes par le nom de *Neptuniennes*. On reconnut plus tard la nécessité d'établir quatre sous-divisions, savoir : *terrain primitif*, de *transition*, *secondaire* et *tertiaire*. Ces désignations sont encore en usage chaque jour.

M. d'Archiac, membre de l'Institut, a fait les plus grands et les plus louables efforts pour élaguer de la science toutes les désignations ridicules ou inutiles, pour préciser la véritable signification d'un grand nombre de mots que l'on employait, tantôt dans un sens, tantôt dans un autre, et pour faire reposer la nomenclature sur des bases sérieuses. Il n'existe pour l'éminent professeur du Jardin des plantes que deux classes de roches : les roches ignées ou pyrogènes, et les roches sédimentaires ; il divise ces dernières en six terrains ou époques, savoir : *terrain moderne*, *quaternaire*, *tertiaire*, *secondaire*, *intermédiaire* ou de *transition* et *primaire*. Viennent ensuite d'autres subdivisions, dont le tableau suivant donnera une idée exacte, et qui correspondent aux classes, ordres, familles, groupes et espèces des botanistes et des zoologistes.

TERRAINS ou époques.	FORMATIONS ou périodes.	GROUPES.	ÉTAGES.
Moderne	»	»	»
Quaternaire...	»	»	»
Tertiaire..... Supérieure (pliocène).....		»	»
Moyenne (myocène).....		»	»
Inférieure (éocène).......		»	»
Secondaire... Crétacée...............		»	»
Jurassique.............		»	»
Triasique..............		»	»
Intermédiaire ou de transition. Permienne.............		»	»
Carbonifère (houillère)....		»	»
Silurienne...		»	»
Cambrienne.....		»	»
Primaire..... Granite , gneiss, micachistes et roches volcaniques et éruptives....		»	»

(Colonne de gauche, accolades : Roches sédimentaires, Roches ignées.)

Les treize formations ou périodes qui figurent dans ce tableau
se sous-divisent en groupes et en étages très-nombreux ; c'est
ainsi que la formation triasique par exemple , comprend le grès
bigarré , le muschelkalk et les marnes irisées ou keuper , et que
la formation crétacée comprend les étages suivants : néocomien ,
urgonien , aptien , cénomanien , turonien et santonien.

De Rolland du Roquan, en 1844, et M. Noguès, en 1856, publiè-
rent, dans l'Annuaire de l'Aude , des notices qui résumaient parfaitement l'état de la science à cette époque , et seront toujours
consultées avec fruit. Si nous entreprenons aujourd'hui la même
tâche , c'est parce que les observations se sont multipliées sur
tous les points, et que la classification des dépôts sédimentaires a
reçu de notables modifications.

Indépendamment des deux naturalistes dont nous venons de
parler, plusieurs géologues se sont occupés à diverses époques
de la paléontologie, de la stratigraphie et de la pétrographie de
l'Aude. Les principaux sont Dufrenoy et Elie de Beaumont, Pail-
lettes, Roset, Durocher, Marcel de Serres, Reboul, Tallavignes,
Vènes, Leymerie, Noulet, de Rouville, de Saporta, Matheron,
Magnan et d'Archiac.

Les principales lignes de soulèvement des Corbières peuvent se
réduire à deux directions principales et à deux directions secondaires, savoir : N.-E. — S.-O. dans la partie orientale, et E. cinq
à six degrès S. — O. cinq à six degrès N. Mais il existe en outre

des failles, des inflexions, des renversements de couches, des tassements et des soulèvements particuliers, qui compliquent singulièrement la stratigraphie de cette région. En tenant compte de tous ces accidents, M. d'Archiac, dans son grand et excellent travail sur les Corbières, pense que l'on peut admettre huit séries de dislocations et cinq directions principales. Quoiqu'il en soit, on n'observe point dans le département, d'axe ou de centre montagneux autour duquel les diverses formations géologiques se présentent dans leur ordre d'ancienneté relative. Les sédiments secondaires et tertiaires s'y trouvent distribués de la manière la plus capricieuse et ont été bouleversés dans tous les sens à diverses époques.

Comme partout, les sources thermales et minérales du département : Alet, Campagne, Ginoles, Rennes, etc., se sont produites à la suite de ces déchirements du sol et sont toujours en rapport avec les lignes de fracture. Les brisures n'ont en général donné lieu qu'à des vallées et à des montagnes monoclinales. On ne rencontre dans les Corbières que deux ou trois exemples de montagnes ayant un axe Anticlinal et nous n'en connaissons pas de synclinales proprement dites. Le relief de cette partie du département peut être comparé à un parquet dont chaque feuillet aurait été détourné de sa position première en tournant sur un des côtés comme une charnière, sans jamais dépasser un angle droit. Les sédiments se trouvent donc encore dans la même position géographique qu'ils occupaient au moment de leur formation.

Dans certains cas, les couches affectent une disposition en entonnoir, et s'abaissent vers un centre commun (montagnes de la Clape à las Caounos, près de Gruissan) ; quelquefois au contraire, mais plus rarement, elles constituent un cirque de soulèvement sur le pourtour duquel les couches inclinent vers la circonférence.

Les prétendues anomalies que l'on avait d'abord cru remarquer dans la succession des terrains, ne sont qu'apparentes. Un examen attentif a permis de faire tout rentrer dans la loi commune. On rencontre, en un mot, dans l'Aude, le même ordre de superposition, les mêmes horizons fossilifères, et, dans beaucoup de cas, les mêmes caractères lithologiques qu'en Espagne, dans la Provence et dans le Nord de la France. Les seules couches dont la position soit encore problématique se trouvent entre la partie supérieure de la formation crétacée et la partie inférieure du terrain tertiaire (calcaire à nummutites). Il existe là de puissants dépôts sédimentaires, tantôt d'origine marine, tantôt d'origine lacustre, présentant des caractères particuliers, et qui constituent le *garumnien* de M. Leymerie, et le *groupe d'Alet* de M. d'Archiac. Les lignites de fuveau en Provence, et les calcaires d'eau douce de Montolieu, signalés par M. Matheron, font probablement partie de ce groupe.

Dans le département, les seules causes apparentes de soulèvement consistent dans les roches cristallisées de la Montagne-Noire et de la haute vallée de l'Aude, dans les porphyres de Ségure, et dans les 30 ou 40 petits Typhons d'ophites dont nous avons depuis bien longtemps signalé l'existence dans les hautes et dans les basses Corbières. Ces dernières roches n'ont du reste occasionné que des accidents secondaires. Les grandes lignes de fracture doivent être attribuées aux formidables secousses qui ont occasionné le relief des Albères, du Canigou, de la Cerdagne, de la chaîne principale des Pyrénées, et dont la dernière secousse paraît s'être manifestée entre les dépôts miocènes et pliocènes. Il en est du moins ainsi dans les environs de Narbonne.

Après le dépôt et la consolidation du calcaire compacte à caprotines, un soulèvement des plus importants, que M. Durocher désigne sous le nom de *Système de soulèvement des Pyrénées-Orientales*, imprima, à toute la région comprise depuis Estagel jusqu'au delà de Belesta, ses formes orographiques les plus remarquables. C'est à cette époque que se produisirent ces rides ou crêtes dentelées et parallèles, courant de l'E. quelques degrés S., à l'O. quelques degrés N.

Le massif de la Clape et de Fontfroide formaient déjà des reliefs plus ou moins prononcés, pendant que se déposaient les sédiments lacustres du bassin de Narbonne et de Sigean, dont ils marquaient les bords, mais ils furent soulevés plus tard, selon le même axe, de manière à redresser aussi les couches d'eau douce sur leurs pentes. Ce fut à l'époque de ces derniers mouvements que les assises, jusques là continues de la Clape, furent brisées et reçurent la disposition que nous leur voyons aujourd'hui. Le plongement se prononça au N.-O., tandis qu'à partir de l'île de Gruissan jusqu'à l'extrémité du rameau de Tautavel, le mouvement de charnière dut s'exécuter en sens inverse (d'Archiac).

Les Corbières communiquent avec la Montagne-Noire et les Ce-

vennes par le mont Alaric , les côteaux situés à l'ouest de Lézignan , la serre d'Oupia , les montagnes de Bize et celles qui, par-
tant de cette commune , s'étendent jusques sur les bords de l'Orb
et le pech de Vayran. La communication est même manifeste dans
l'étroit défilé que l'Aude traverse entre Sérame et Argens : ce trait
d'union , signalé depuis longtemps par M. Henry Reboul , a été
étudié de nouveau, avec beaucoup de soin, par un jeune et ardent
géologue , M. Magnan , qui est maintenant chargé, avec M. Leymerie , de dresser la carte géologique de l'Aude. La longueur de
ce chaînon est d'environ 70 kilomètres; sa largeur varie, mais elle
ne dépasse pas 12 kilomètres ; la rivière d'Aude le longe de Blomac
à Homps et le franchit , à angle droit , entre ce dernier village et
Argens ; sa direction moyenne et N. 55° E., c'est, du reste, celle
d'une ligne stratigraphique signalée par M. Élie de Beaumont , et
désignée plus tard par M. Vesian sous le nom de *Système du Mont-
Seny.* Cette ligne joue un rôle très-important et relie , par une
série de rides toutes parallèles , les Pyrénées aux Alpes.

Il existe dans presque tous les étages des dépôts géologiques de
l'Aude , des brèches et des poudingues plus ou moins incohérents,
circonstance qui se trouve parfaitement d'accord avec les caractères stratigraphiques , et avec la distribution capricieuse des roches sédimentaires. Cette circonstance démontre en outre la fré-
quence , à toutes les époques , des dislocations et des perturba-
tions qui ont interrompu la succession régulière des couches sédimentaires , et donné à notre contrée ses caractères topographi-
ques.

Un fait bien digne de remarque , c'est qu'en général les principaux cours d'eau ne suivent pas les lignes de dislocation dont nous
venons de parler , ils coulent, au contraire, dans des fentes , des
gorges ou des vallées plus ou moins profondes , perpendiculaires
à la direction des couches. Cette observation peut se vérifier dans
le cours de l'Aude (d'Axat à Carcassonne) , de la Sals , de l'Agly
(depuis son origine jusqu'à Estagel) ; dans tout le cours de la
Berre , du Verdouble , de l'Orbieu ; mais surtout dans la gorge
profonde du Single , qui reçoit une partie des eaux de Saint-
Victor.

Les points les plus élevés du département se trouvent dans la
région montagneuse de Belvianes et de Quirbajou , dont quelques
points atteignent de 12 à 1500 mètres ; nous nous bornerons en-

suite à citer , à cause de leur forme ou de leur isolement , le pic
de Bugarach qui s'élève à 1231 mètres ; la montagne du Tauch ,
944 ; le Saint-Victor , 348 ; la montagne d'Alaric , 595 ; le Pech-
redon , dans le groupe de la Clape , 213 ; et dans la Montagne-
Noire , le pic de Nore , 1164.

Nous allons maintenant donner , en commençant par les plus
modernes , la description des principaux terrains du département
de l'Aude.

Dépôts modernes.

Signalons d'abord l'agrandissement progressif du rivage de la
mer , agrandissement que l'on a souvent attribué à une diminution
du niveau de la Méditerranée , mais qui est occasionné par le
transport quotidien du limon et des sables charriés par les rivières , et par la dispersion de ces matériaux sur les côtes à l'aide du
grand courant littoral et du mouvement continuel des vagues. Sur
plusieurs points du littoral de l'Aude , mais en Algérie surtout ,
la Méditerranée paraît avoir subi une forte diminution dans son
niveau , puisqu'on rencontre des bancs de coquilles modernes à 25
et 30 mètres de hauteur; mais ce phénomène s'explique plus naturellement par le soulèvement des côtes. Il résulte d'ailleurs d'un
grand nombre d'observations , que le niveau de la mer n'a point
varié depuis les temps historiques.

On répète chaque jour que les sables qui recouvrent les vastes
et arides plaines du littoral , ou s'accumulent en longs bourrelets
entre la mer et les lagunes , proviennent de la dispersion des sables du Rhône. Cette manière de voir n'est fondée qu'en partie; il
est en effet incontestable qu'il faut attribuer aussi l'origine de ces
alluvions aux matériaux transportés par les rivières qui débou-
chent dans la mer , depuis le delta du Rhône jusqu'aux Albères ;
nous n'hésitons même pas à dire que le volume de ces dernières
alluvions est au moins égal à celui des sables que le Rhône trans-
porte chaque jour. Le développement rapide des deltas du Lès ,
de l'Hérault , de l'Orb , du Libron , de l'Aude et de quelques autres cours d'eau moins importants , suffirait pour le démontrer.

Sur les côtes de la Méditerranée , le mouvement des dunes est
arrêté par les montagnes et par les étangs. On ne peut signaler
la présence de ces collines de sable mouvant qu'aux pieds du ro-
cher qui supporte le fort de Saint-Pierre , et entre La Nouvelle et

le cap de Lafranqui : sur ces points même le phénomène est réduit à des proportions insignifiantes.

Le mouvement des vagues exerce aussi chaque jour une puissante action sur les falaises du cap de Leucate : d'énormes blocs de roches calcaires, minés à leur base, se précipitent aux pieds des escarpements, se désagrégent et se dispersent ensuite de tous les côtés.

Les rivières et les torrents transportent, à l'époque des grandes crues, des matériaux d'autant plus volumineux que l'on se rapproche davantage de leur point de départ : ce sont d'abord des blocs de roches plus ou moins arrondis, puis des cailloux roulés, des graviers, du sable, et enfin du limon ; ces alluvions sont souvent dispersés sur de vastes surfaces.

Les dépôts limoneux de l'Aude élèvent les basses plaines d'environ 55 centimètres par siècle. Sur plusieurs points, et notamment entre Salles-d'Aude et l'embouchure de cette rivière, la marche des atterrissements est beaucoup plus rapide à cause du rétrécissement de la vallée. C'est aux alluvions de l'Aude qu'il faut attribuer les modifications survenues dans le régime de l'ancien lac Rubrésus, qui entourait Narbonne pendant la période romaine. Ce lac est maintenant cultivé sur de vastes surfaces et subdivisé en plusieurs lagunes, qui portent les noms d'étangs de Lapalme, de Bages, de Gruissan et de Capestang ; ces étangs, eux-mêmes, s'atterrissent chaque jour avec une grande rapidité, et l'époque n'est pas éloignée où ils seront entièrement livrés à la culture. C'est à des phénomènes du même genre qu'il faut attribuer le desséchement d'un grand nombre d'amas d'eau salée, saumâtre ou douce, qui figurent sur les cartes du dernier siècle sous les noms d'étangs ou d'estagnols. Il suffira de citer ceux de Marseillette, de Montredon, de Lézignan, de Fleury, d'Ouveillan et de Peyriac-de-Mer (pudre).

Les galets et les cailloux provenant de la désagrégation séculaire des montagnes, et qui s'accumulent sans cesse à leur base, doivent également être compris dans la classe des dépôts qui nous occupent. Il en est de même de la tourbe signalée récemment dans les Corbières par M. Fages, des conglomérats coquilliers de Gruissan, et des dépôts tourbeux fluvio-lacustres qui se forment chaque jour dans l'étang de Bages par l'accumulation des zostères et autres plantes marines.

Dépôts quaternaires.

On observe, sur plusieurs points du bassin moyen de l'Aude, et quelquefois à plus de cent mètres au-dessus du niveau des plus hautes eaux , des bancs puissants de cailloux roulés , en couches horizontales et reposant sur des bancs tertiaires plus ou moins inclinés. De Rolland du Roquan avait signalé ce phénomène dans l'arrondissement de Carcassonne , et nous l'avions également observé sur un des points culminants de l'île Sainte-Lucie , et dans plusieurs autres localités. Le transport de ces cailloux s'est opéré pendant la période quaternaire , avant le creusement des vallées de dénudation , et lorsque le lit des torrents se trouvait, par conséquent, à un niveau beaucoup plus élevé. Des bancs de cailloux de ce genre se rencontrent dans toutes les grandes vallées, ils recouvrent de vastes terrasses étagées les unes au-dessus des autres, et qui constatent d'une manière évidente l'abaissement brusque et par saccades du lit de certaines rivières. Nous avons trouvé à la gare de Narbonne et dans un lit de cailloux roulés de ce genre, une grande défense d'éléphant fossile , qui fait partie des collections du musée.

Il existe dans les environs de Quillan un amas de blocs calcaires et granitiques , plus ou moins arrondis , qui s'élève à plus de 50 mètres au-dessus du niveau des plus grandes eaux actuelles de l'Aude.

Ce qui distingue les terrains de transport quaternaires de l'Aude, de certaines couches de cailloux tertiaires ayant la même origine, et avec lesquels on pourrait les confondre , c'est leur horizontalité , leur degré de cohésion beaucoup plus faible , et la diminution de volume des éléments qui entrent dans leur composition.

Il faut également rapporter à la même époque , les marnes bleues coquillières de la rive gauche de l'Agly (près d'Espira), et les couches argileuses et sableuses traversées par les sondages artésiens de Rivesaltes , Bages et Perpignan , jusqu'à une profondeur de 180 mètres. Nous citons ces exemples , bien qu'étrangers au département de l'Aude , parce qu'il est impossible de circonscrire un travail géologique dans les limites géographiques toujours arbitraires d'un département. La basse vallée de l'Orbiel et les plaines fertiles d'Alzonne doivent leur richesse à des sédiments analogues à ceux que nous venons de citer. On peut également placer sur le même horizon géologique un tout petit lambeau de marnes marines , situé non loin des sources qui alimentent Peyriac-de-Mer et qui renferme des coquilles analogues à celles qui vivent encore sur nos côtes ; ces coquilles ont même conservé leurs couleurs et leur aspect nacré.

Personne , jusqu'à ce jour, n'a signalé dans le département , comme on l'a fait sur plusieurs points de la France , la présence dans les alluvions quaternaires des débris de l'industrie humaine, appartenant à l'époque anté-historique. Des débris de ce genre n'ont été observés que dans les cavernes de Bize et de Sallèles-Cabardès : ils consistent en éclats de silex , fragments de potteries grossières , ustensiles en bois de Renne , etc., confondus dans un limon noirâtre avec des débris de charbon végétal , des cailloux roulés et des ossements de diverses espèces d'animaux éteints ou émigrés ; ces ossements ont été fracturés intentionnellement dans le but d'en retirer la moelle. La caverne de Bize servait d'abri aux populations primitives, tandis que celle de Sallèles était consacrée aux sépultures et renferme une grande quantité d'ossements humains brûlés.

Les travertins de Ferrals sur Orbieu font partie des sédiments quaternaires les plus récents ; on les désigne vulgairement sous le nom de turet : cette roche , quelquefois très-cariée , et qui renferme des coquilles terrestres et de nombreuses empreintes végétales , est employée comme pierre de taille , résiste parfaitement aux influences des agents atmosphériques , et a été déposée dans un petit lac , par voie de précipitation chimique , par des eaux minérales qui tenaient en suspension , à l'aide d'un excès d'acide carbonique , une énorme quantité de carbonate de chaux. L'emploi du travertin de Ferrals se propage de plus en plus depuis la découverte d'une couche très-compacte et très-saine ; on peut en extraire des blocs énormes et d'une longueur pour ainsi dire indéfinie : il s'en expédie chaque jour dans les départements voisins. Deux carrières sont ouvertes en ce moment : elles se trouvent à côté et au niveau de la route de Fabrezan , et occupent toute l'année plus de 50 ouvriers. J'ai acquis récemment la certitude que cette roche, dont l'épaisseur varie de 1 à 2 mètres , et qui occupe une étendue d'environ 2 kilomètres, repose sur les bancs de cailloux quaternaires de la plaine de Lézignan , de Cruscades et de Villedaigne. Des débris de briques à rebords, rencontrés dans les cavi-

tés même du travertin , peuvent faire supposer qu'on l'employait
à l'époque romaine.

Il existe des roches du même genre à Las Fons, près des cavernes de Bize , dans le département de l'Hérault , et aux Aygalades ,
près de Marseille : M. de Saporta y a signalé des empreintes de
feuilles de vigne.

Les phénomènes qui ont produit le travertin se manifestent encore de nos jours , mais avec moins d'intensité ; on peut les voir
en activité dans plusieurs localités , mais surtout en Auvergne ,
près de Clermont , et à Rome près de Tivoli.

TERRAIN TERTIAIRE. — *Eocène, Miocène, Pliocène.*

Les divers étages du terrain tertiaire occupent, dans le département, une très-grande surface et atteignent un développement
énorme. C'est par centaines de milliers d'années qu'il faut calcu-
ler le temps qu'a nécessité le dépôt de ces puissantes couches
marines et fluvio-lacustres. Les plus modernes se rencontrent
dans les parties les moins élevées du département, et ne pénètrent
jamais dans les massifs montagneux ; les plus anciennes, au
contraire , et par suite du soulèvement des roches sous-jacentes ,
atteignent de très-grandes altitudes.

Plusieurs étages du terrain tertiaire n'existent pas dans le département, et des dépôts d'origine marine y représentent quelquefois
des sédiments qui , dans d'autres régions, ont une origine lacustre
(calcaire à nummulites et lignites de la Provence , par exemple).
Ces deux circonstances , jointes à la complication des accidents
stratigraphiques et aux caractères locaux de certaines roches ,
rendent très-difficile l'étude comparée des terrains tertiaires de
l'Aude , et des terrains correspondants des Pyrénées-Orientales ,
de la Provence et du bassin de Paris.

Les divers étages du terrain tertiaire , depuis le groupe lacustre
de Narbonne jusqu'au groupe d'Alet , sont fortement redressés sur
les dernières ramifications de la Montagne-Noire , des Corbières
et de la Clape, mais ils reprennent peu à peu une position horizon-
tale.

Après ces considérations générales , et pour faciliter autant que
possible l'étude du terrain qui nous occupe , il est convenable de
donner un résumé des divers étages dont il se compose. Ces étages

seront désignés par des lettres, et la lettre A indiquera le plus moderne. La suite de ce chapitre sera consacrée à faire connaître les détails relatifs à ces divers systèmes de couches.

A. Groupe marin supérieur, composé de grès de calcaires coquilliers, et de marnes bleues avec *ostrea crassissima*.

B. Argiles marneuses rouges, et calcaire lacustre du bassin de Narbonne; dépôts gypseux de Portel, du Lac et de Malvery; dalles et lignites des carrières d'Armissan; grès argileux, calcaires d'eau douce et gypses de Mas-Saintes-Puelles; poudingues marnes et grès, désignés collectivement sous le nom de *Molasse de Carcassonne*, grès, calcaires et lignites de Minerve, Bize, la Caunette, etc.

C. Groupe nummulitique.

D. Garumnien, groupe d'Alet et calcaire de Montolieu.

Le groupe marin supérieur désigné par la lettre A, se compose, en allant de haut en bas, de grès, de calcaire coquillier, et de marnes bleues marines caractérisées par la présence de l'*Ostrea crassissima, canalis* et *longirostris*. Ces diverses couches, très-développées dans le département de l'Hérault, n'offrent dans l'Aude qu'une médiocre importance.

Il faut, je crois, rapporter à la première, les marnes et les grès de Marcorignan, dans lesquels on a découvert deux machoires fossiles de rhinocéros, parfaitement conservées.

Des lambeaux de calcaire coquiller se montrent dans la Clape (carrière des bergines), à Creyssel et à Montfort près de Narbonne, mais surtout à Sainte-Lucie et à Leucate, où ils reposent sur des calcaires d'eau douce.

Les marnes bleues marines constituent en partie le sous-sol de la ville et de la plaine de Narbonne. On les voit affleurer dans les tranchées des remparts et jusques dans les vallées de l'Aussou et de l'Orbieu (près d'Ornaisons, de Cruscades et de Lézignan).

Sur le versant oriental des collines de Nissan, les trois couches dont nous venons de parler se trouvent réunies, et reposent sur des marnes et des calcaires lacustres avec meulières et grands cristaux de gypse. Une grande faille rend l'étude de cette localité assez difficile.

Des argiles marneuses rouges, analogues à celles de Perpignan et de Marseille, occupent la partie la plus élevée du groupe B, et paraissent quelquefois se lier latéralement, avec les marnes bleues marines à *Ostrea crassissima* dont nous venons de parler. Elles sont utilisées sur plusieurs points pour la fabrication des briques et donnent d'excellents produits. Nous n'y avons jamais rencontré de fossiles. La partie supérieure renferme des bancs de cailloux roulés (pas du loup, la coupe et tranchée de Montredon). Il est permis, je crois, de placer sur le même horizon, les collines marneuses pliocènes qui séparent Bize d'Argeliers et qui renferment de nombreux et très-beaux ossements fossiles de reptiles, de grandes tortues, de mastodontes, de rhinocéros, de *dinothérium giganteum*, d'*iparion grassilis*, etc.

Les calcaires lacustres du bassin de Narbonne, dans lesquels M. Noulet a signalé des cérites des paludines, *helix ramondi*, *intermedia*, *depressa* et *tournali*; *planorbis*, *subpyrenaicus*, *lymnea*, *Lartei* et *dilalata*, *nerita Narbonensis*, etc., occupent une vaste surface depuis Salles-d'Aude jusqu'à l'arête de calcaire secondaire de Ferro Cabals, qui limite sur ce point le bassin tertiaire. Ils constituent les collines de Bages, de Peyriac-de-Mer, de Sigean, les petites îles des étangs et le cap de Leucate. On les voit recouvrir également tout le versant ouest de la Clape, et on les retrouve encore dans la vallée basse de l'Orbieu, à Vedillan, au Mont-Caretou et à la base des collines qui entourent l'étang d'Ouveillan. Ces couches calcaires, toujours inclinées, alimentent un grand nombre de fours à chaux et renferment quelquefois des nodules de Silex (route de Sigean à Narbonne), ils reposent sur les dépôts gypseux tertiaires de Malvezy, de Portels, et du Lac, dans lesquels nous avons signalé depuis longtemps des nodules de soufre et du dusodyle papiracé avec petits poissons fossiles.

Ajoutons qu'ils ne pénètrent jamais dans les massifs montagneux.

La contemporannéité que nous avions cru pouvoir affirmer en 1852, entre les gypses tertiaires de l'Aude et ceux d'Aix en Provence, souleva à cette époque quelques objections, mais fut, cependant, adoptée par plusieurs géologues. D'après M. Matheron et M. de Saporta, qui ont fait une étude très-approfondie de ces sédiments, les dépôts lacustres tertiaires de Narbonne, considérés dans leur ensemble, depuis le calcaire d'eau douce jusqu'aux dalles d'Armissan, dont nous allons parler, correspondraient à la partie supérieure de ceux de la Provence, et la partie inférieure de ces derniers ne serait pas représentée dans le bassin de Narbonne. Cette manière de voir ne diffère donc que par de simples nuances de l'opinion que nous avions d'abord émise, et il demeure constaté que les dépôts gypseux tertiaires de la basse vallée de l'Aude, sont plus modernes que ceux d'Aix et à plus forte raison que ceux de Montmarte. En d'autres termes, au lieu de classer nos platrières dans l'éocène supérieur, il faudrait les élever d'un cran, et les faire figurer dans le miocène inférieur.

Les dalles avec empreintes de plantes fossiles d'Armissan, font partie du groupe lacustre de Narbonne, et en occupent la base. Elles donnent lieu à une exploitation considérable, parfaitement dirigée, et doivent être considérées comme le résultat d'une précipitation chimique, combinée avec le dépôt d'un limon fluvialite renfermant des substances végétales en décomposition. Ces substances, accumulées dans la couche la plus inférieure, constituent une espèce de lignite de qualité très-médiocre. Les dalles d'Armissan renferment des carapaces de grandes tortues et des dents de crocodiles, des débris de chéloniens et de batraciens *(rana aquensis)*, des poissons, des ossements d'oiseaux, des coléoptères, des mouches, des fourmies et plusieurs espèces de coquilles d'eau douce.

Les eaux du grand lac, au fond duquel tous ces débris organiques ont été accumulés, devaient être tantôt calmes et pures, tantôt limoneuses. Ce dernier état, constaté par la présence de puissantes couches de marnes grisâtres, doit être attribué à l'invasion brusque des torrents chargés de limon, et qui transportaient, pendant les époques pluvieuses, les débris de végétaux des forêts voisines.

La flore fossile d'Armissan offre le plus grand intérêt. Il est permis de dire que c'est une des plus complètes et des plus curieuses de l'Europe. Les premières empreintes, signalées par M. A. Brongniart, de l'Institut, se réduisaient à quelques pins, des bouleaux, des fougères voisines de l'Osmonde, des platanes, des prèles, des myricées, des charmes, des ifs, et une mousse, très-abondante, du genre *fontinalis*, qui nous fut dédiée par ce professeur, en même temps qu'une nouvelle espèce de *taxites*.

Les longues recherches de M. de Saporta ont prodigieusement augmenté cette liste. Le savant géologue d'Aix est même parvenu à constater les circonstances qui avaient accompagné la floraison de plusieurs plantes, le développement de leurs fruits et la dispersion de leurs graines. Il lui a été également permis, en considérant la réunion de certaines plantes dans les mêmes couches, de déterminer à quelle époque de l'année ces couches avaient dû être déposées.

Les principales plantes fossiles ajoutées par M. de Saporta à la liste de M. A. Brongniart, sont des juglandées, ormeaux, chênes analogues à ceux du Mexique, houx, légumineuses, peupliers, saules, noyers, micocouliers, aunes, sapins, un grand nombre d'espèces de pins, dont un à cinq feuilles, six espèces de lauriers, acacias, etc.

Nous devons mentionner encore, d'une manière toute particulière, parmi les plantes fossiles les plus curieuses d'Armissan, le *Dracœnites Narbonensis*, signalé pour la première fois par M. Paul Gervais, de l'Institut, et dont les feuilles atteignent 1 mètre 50 de longueur, ainsi que l'*Aralia hercules*, dont les feuilles, analogues à celles des platanes, ont souvent 50 centimètres de diamètre.

En considérant cette association étrange de plantes indigènes et exotiques, M. de Saporta arrive à cette conclusion, que les régions du haut Mexique, de la Californie et du Texas, les îles Madères et Canaries, l'Abyssinie et les archipels africains, le Népaul, les îles de la Sonde, le Japon, l'Amérique équatoriale et le Brésil, sont les contrées actuelles où il est nécessaire de puiser des vues d'ensemble ou des analogies partielles, si l'on veut recomposer dans son intégrité l'aspect du paysage d'Armissan pendant l'époque tertiaire.

Nous pouvons signaler encore, comme renfermant des plantes fossiles, les calcaires d'eau douce tertiaires de l'étang du Doul, près Peyriac-de-Mer.

Plusieurs circonstances autorisent à placer au-dessous des sédiments lacustres et des lignites d'Armissan, les marnes et les gypses de Mas-Saintes-Puelles, ainsi que, grès argileux et les calcaires d'eau douce de la même localité, lesquels renferment, d'après M. Matheron : *achatina vialai*, *planorbis crassus et planulatus*, *cyclostoma elegantales et formosa*.

Les marnes, les grès et les poudingues que l'on désigne sous le nom de Molasse de Carcassonne, ont une origine lacustre : ils occupent une vaste surface dans le Département, depuis Limoux jusqu'à Conques, dans un sens; depuis Lézignan jusques et y compris l'arrondissement de Castelnaudary, de l'autre. On rencontre également cette formation à Bize, Pouzols, Aiguesvives, Azillanet, et dans toute la partie nord du canton de Ginestas ; sa puissance peut être évaluée à plus de mille mètres. Les tranchées de Conilhac, de Moux, de Douzens, de Capendu et le tunnel de Trèbes la traversent sur une grande étendue, et cette circonstance facilite beaucoup son étude : on y trouve des carapaces de grandes tortues d'eau douce, des ossements de lophiodon, de palæotherium et de paloplotherium. Nous avons même vu une grande feuille de *palmassites lamanonis*, ou *smilax sagittiformis*, trouvée à Mayrevieille, près de Carcassonne, dans une carrière de grès.

D'après M. Leymerie, les grès d'Issel, dont les fossiles furent d'abord décrits par Cuvier, reposent sur les gneiss de la Montagne-Noire et plongent sous la molasse de Castelnaudary, qui constitue le fonds de la vallée.

Les calcaires et les grès à lignites de Bize, La Caunette, Ventenac, etc., se trouvent à la base de la molasse de Carcassonne et font partie de ce groupe. M. Matheron a signalé dans les sédiments de cette époque, *planorbis pseudo rotundatus*, *bulimus hopei*, et *unio tournali*.

Le groupe nummulitique que nous avons désigné par la lettre C, et qui supporte tout le système précédent, se divise en trois étages : supérieur, moyen et inférieur ; tous les trois existent dans les Corbières et présentent dans ces montagnes un très grand développement ; ils ont subi, à diverses époques, de nombreuses dislocations.

La partie supérieure, ou la plus moderne, est caractérisée par la présence de *l'ostrea multicostata* et *l'operculina canalifera* ; la moyenne, par des gastéropodes et des acéphales ; l'inférieure, par des *alvéolines*. Toutes renferment plusieurs espèces de nummulites : cette faune constate que beaucoup d'espèces étaient déjà localisées à cette époque.

On peut étudier le premier étage sur la route d'Espéraza (en face de Couiza), sur le chemin de Rouvenac, à Comigne, Capendu, Floure et Barbaira. Il existe, sur le côté droit de la vallée de la Bretonne, un petit axe anti-clinal, et du côté opposé, un relèvement complet du groupe nummulitique, qui plonge alors au N.-O. normalement, par rapport au mont Alaric, dont il circonscrit toute la partie occidentale par un vaste escarpement circulaire.

Le second étage est caractérisé par des calcaires gris marneux, et surtout par des marnes bleues pétries de turitelles. Les meilleurs exemples que l'on puisse citer se trouvent dans la vallée du Rabe et dans les communes de Ribeaute, Couiza, Albas et Coustouge. Ces marnes forment un excellent horizon géognostique : elles séparent parfaitement le premier étage du troisième, sur lequel elles reposent et qui est essentiellement composé de roches calcaires.

Dans la montagne d'Alaric, le troisième étage nummulitique, composé de roches calcaires compactes, prend un grand développement. Il forme tout le revêtement extérieur de la voûte de cette montagne, et on le voit plonger sous les marnes bleues de Fontcouverte, de Conilhac, et sous les molasses de Carcassonne. On peut également étudier le calcaire à nummulites dans le canton de Couiza, et sur les dernières pentes de la Montagne-Noire, où il forme une longue bande, depuis Saint-Papoul jusqu'à Bize, par Carlipa, Bertrandon, Aragon, Caunes, Minerve et la Caunette.

MM. Tallavignes, Noguès, Leymerie, Dorbigny, Matheron et d'Archiac ont publié la liste des nombreuses coquilles marines fossiles qui caractérisent les trois étages du groupe nummulitique. Les bornes de cette notice ne nous permettent point de la reproduire.

Les sédiments qui se trouvent placés à la limite du terrain tertiaire et du terrain secondaire, entre les calcaires à nummulites dont nous venons de parler, et la partie la plus moderne du terrain crétacé, n'étaient pas encore bien connus lorsque MM. d'Archiac et Leymerie entreprirent leurs travaux sur les Corbières. A cette époque, les sédiments que ces savants professeurs désignent aujourd'hui sous les noms de *garumnien* et de *groupe d'Alet*, et que nous avons désignés par la lettre D, étaient confondus, tantôt avec le terrain tertiaire inférieur, tantôt avec le terrain secondaire supérieur dont ils forment pour ainsi dire la transition.

Dans la Haute-Garonne, dit M. Leymerie, « le garumnien est principalement d'origine marine, il se prolonge sans interruption, en prenant un caractère lacustre, à travers l'Ariége et l'Aude, où il se confond avec la partie supérieure du groupe d'Alet. » Un examen superficiel porterait à croire qu'il se termine aux Corbières, un peu au-delà du Mont-Alaric, mais on le voit paraître plus au Nord, à Bize, et se prolonger dans la direction N. 35° E., jusqu'à Saint-Chinian. Dans cette région, il forme des bandes séparées par le trias avec lequel il se trouve directement en contact.

Il faut, je crois, rapporter au garumnien ou bien au groupe d'Alet, les grès et les marnes de Pradines (sur la route de Narbonne à Saint-Laurent) dans lesquels nous avons trouvé de nombreux ossements fossiles de tortues d'eau douce.

Le principal caractère des sédiments garumniens, consiste dans la couleur rutilante des argiles qui en constituent la principale partie. M. de Verneuil a observé, à la base des grès et des poudingues nummulitiques de la Catalogne, un dépôt puissant d'argile, fortement colorée en rouge, qui pourrait bien être l'équivalent du garumnien.

D'après M. d'Archiac, le groupe d'Alet occupe dans l'Aude quatre régions distinctes et tout à fait séparées :

1º Dans la vallée de l'Aude (entre Alet et Quillan), et s'étendant de l'E. à l'O. à des distances plus ou moins considérables ;

2º Au nord du même massif, autour de La Grasse, et sous le manteau nummulitique du mont Alaric, dont il constitue le noyau;

3º Au sud d'Albas, où il forme une zône qui contourne au N. N.-O. le mont Saint-Victor, jusqu'à Thézan ; il disparaît ensuite sous les dépôts quaternaires de la vallée de l'Orbieu ;

4º Sur les flancs de la Montagne-Noire, à Villardonnel, Villeneuve-les-Chanoines, etc.

Les diverses couches du groupe d'Alet correspondent, dans le département de la Seine, à l'ensemble des assises marines, fluviomarines et lacustres, comprises entre l'horizon de la *néritina schsmideliana* et de la *nummulites planulata*.

M. d'Archiac n'a proposé, à juste raison, que d'une manière provisoire, la désignation de *groupe d'Alet*. Ce nom ne s'appliquant qu'à une région assez limitée de la France, il pense, et tous les géologues partageront sa manière de voir, que la désignation de *groupe sous-nummulitique* serait préférable, parce qu'elle s'appliquerait au garumnien, au calcaire lacustre inférieur de Conques et de Montolieu, et à toutes les couches contemporaines de la France.

Terrain secondaire, crétacé et jurassique.

C'est à M. Dufrénoy que revient tout l'honneur d'avoir assimilé aux terrains crétacés du nord de la France une grande partie des montagnes de l'Aude et des Pyrénées-Orientales , que l'on avait toujours considérées comme faisant partie des terrains jurassiques ou bien des terrains de transition , à cause de leurs caractères pétrographiques. MM. Leymerie , Noguès et d'Archiac achevèrent de débrouiller cette partie de la stratigraphie de l'Aude.

Les observations les plus récentes tendent à constater que les terrains secondaires de notre Département ne présentent que des anomalies apparentes , et qu'ils doivent rentrer dans la loi commune. Leurs caractères paléontologiques et stratigraphiques ne diffèrent , en aucune manière , de ceux que M. Coquand et Matheron ont assigné aux terrains correspondants du Var et des Bouches-du-Rhône. Encore une fois, la nature des roches présente seule des différences notables lorsqu'on compare la craie du nord à celle du midi de la France , et c'est à cette circonstance , dont on s'était beaucoup trop préoccupé , que doivent être attribuées les erreurs commises avant les travaux de MM. Dufrénoy et Élie de Beaumont.

Les dépôts crétacés se subdivisent en un grand nombre d'étages, dont plusieurs n'existent pas dans le Département ; ceux qui occupent la partie est et sud peuvent être classés dans les groupes suivants :

Partie supérieure : 1° marnes bleues de Sougraine ; 2° premier niveau des rudistes (montagne des cornes, près les bains de Rennes) ; 3° second niveau des rudistes (Soulatge, et probablement les collines sur lesquelles se trouve construit le monastère de Fontfroide) ; 4° calcaires et marnes de l'établissement de Rennes (à côté des bains doux).

Partie inférieure : Nous nous bornerons à citer le calcaire compacte à caprotines , et les marnes et les calcaires néocomiens , ou plutôt aptiens , de la Clape.

L'étage crétacé supérieur forme une longue bande , depuis Padern et Maisons jusqu'aux bains de Rennes, par Soulatge et Fourtou. Les collines de Quillanet , Gaussan, Boutenac , et une partie des montagnes de Fontfroide font également partie de ce système.

La partie inférieure (calcaire à caprotines , étage néocomien, étage aptien) , constitue le groupe de montagnes que cottoye et traverse en tranchée le chemin de fer de Perpignan , depuis La Nouvelle jusqu'au château de Salces ; elle pénètre ensuite dans les hautes Corbières par Vingrau , Paziols, Padern , Cucugnan, Saint-

Antoine de Galamus, Axat, et se prolonge jusques dans la vallée du Rebenti. Les fossiles les plus caractéristiques sont *orbitolites concava*, *exogira sinuata* et *columba*, *terebratula sella*, *pholadomia langii*, *ostrea carinata*, *trigonia scabra* et *alæformis*. Tous ces fossiles se rencontrent dans le groupe montagneux de la Clape, qui sépare la plaine de Narbonne de la mer et fait partie de l'étage aptien.

Les sédiments crétacés des Corbières renferment de nombreux gisements de fer hydroxidé ; il en existe aussi dans le massif de la Clape (près de Marmorières), à Leucate, à Treilles, etc. Les diverses couches passent souvent de l'une à l'autre par des nuances insensibles, et renferment quelques fossiles identiques.

Il existe dans les environs de Sougraigne et des bains de Rennes, des grès siliceux, des marnes noires et des calcaires argileux coquilliers, appartenant à la période crétacée, et qui renferment des dépôts de lignite jayet. L'exploitation de ce combustible, pour la fabrication des bijoux, a été presqu'entièrement abandonnée, à cause de la concurrence du jayet provenant de l'Aragon. On rencontre aussi à Sougraigne cinq sources salées à divers degrés bien que voisines ; ces cinq sources, qui débitent 800 mètres cubes d'eau par jour, indiquent la présence de grandes masses de sel gemme, analogues à celle de Salies (Basses-Pyrénées), et de Cardone, près de Barcelonne.

Le terrain jurassique de l'Aude appartient presqu'entièrement à l'étage du lias ; il forme une zòne presque continue et parallèle à la route impériale, depuis Tuchan jusqu'à Névian, par Embres, St-Jean-de-Barrou, Feuilla, Frayssé, Durban, Villesèque, Gléon, les montagnes de Fontfroide, de Montredon, de Bizanet et d'Ornaisons ; on le rencontre également entre Ferrals et Boutenac, et près de Fontjoncouse. C'est dans cette région, à la base des calcaires de cette époque, que se trouvent presque toutes les éruptions d'ophite dont nous allons parler.

Tous ces sédiments liasiques se composent, en général, de calcaires noirs, quelquefois dolomitiques, presque toujours à odeur bitumineuse, et surtout de marnes noires, schisteuses, délitées, traversées par des veinules spathiques, et qu'il est facile de reconnaître, même à de très grandes distances ; elles renferment de nombreux fossiles, mais surtout des encrines, plusieurs espèces d'ammonites (*bifrons, complanatus, radians, holandrei*, etc.), des belemnites, des térébratules, *pecten æquivalvis ; turbo duplicatum ; nucula rostralis; cerithium patroclus, armatum et costellatum ; rhynchonella tetraedra , etc.*

On peut recueillir presque tous ces fossiles à la hauteur de la campagne de Fontloubi, sur le chemin de Portel, à un kilomètre environ de la route impériale, dans un lambeau de lias signalé par nous en 1850, dans le premier volume du journal de géologie.

M. Magnan a récemment signalé, à l'ouest de Boutenac, et dans un petit îlot liasique, qui figure du reste sur la carte de M. d'Archiac, la zône à *avicula contorta*, fossile qui caractérise parfaitement l'infralias.

TRIAS.

Le trias de l'Aude est encore très imparfaitement connu : MM. d'Archiac et Noguès n'en ont rien dit dans leurs publications, ou du moins ne l'ont mentionné que d'une manière très indirecte ; nous devons donc nous borner à mentionner , en quelques mots , les observations publiées il y a peu de temps par M. Magnan, dans le bulletin de la Société géologique. D'après ce naturaliste, le trias, avec ses marnes irisées, ses gypses, ses dolomies et ses grès inférieurs, constituerait une partie des collines qui lient les Corbières aux Cévennes et à la Montagne-Noire ; il se montre également à Boutenac, à Villerouge, et sur plusieurs autres points des Corbières, où sa puissance dépasse celle du lias avec lequel il est toujours en concordance. La découverte de M. Magnan lui a permis de classer dans le trias les couches puissantes de dolomie, et les grès rougeâtres inférieurs que l'on avait considéré jusqu'à ce jour comme liasiques.

TERRAIN HOUILLER ET FORMATION DÉVONIENNE.

La formation dévonienne, ou troisième système paléosoïque, a été marquée, sur la carte géologique de France, sous l'ancienne désignation de *terrain de transition;* on la rencontre dans la Montagne-Noire, vers le point où l'Orbiel quitte les granites, à Villerembert, Sallèles-Cabardès, Lastours, et surtout à Cannes. Les beaux marbres de cette localité font partie de ce système : ils renferment de nombreux fossiles, empatés dans la roche et difficiles à déterminer. M. Noguès a cependant reconnu les genres clyménie, calcéole, goniatite, orthocératite et des polypiers.

Le massif central de Mouthoumet et des hautes Corbières, qui s'étend de l'est à l'ouest, depuis les environs d'Embres et de Durban, jusqu'à Alet et aux bains de Rennes, appartiennent également à la formation dévonienne. La longueur de ce massif est d'environ 50 kilomètres, et sa largeur de 10 à 12 : il se compose de schistes noirâtres, de calcaires schistoïdes, de bancs calcaires subordonnés, souvent amygdalins ou réticulés, et de schistes luisants, micacés, de couleurs variées (phyllades satinés). Les couches sont très tourmentées et dirigées dans le sens de sa longueur, E.-O. Les communes de Villeneuve, Cascastel, Quintillan, Palayrac, Maisons, Davejan, Félines, Villerouge, Laroque-de-Fa, Termes, Mouthoumet, Lanet, Montjoie, Bouisse, Arques, Missègre, Villardebelle, Terroles, etc., se trouvent comprises dans cette région.

La formation dévonienne se rencontre également à la limite du département de l'Aude et des Pyrénées-Orientales, et dans la haute vallée de l'Aude (à Quillan et à Axat). Dans cette région, elle forme des espèces de petites îles, entourées par le calcaire compacte à caprotines.

C'est plus particulièrement dans la formation dévonienne que se trouvent les gisements métallifères de plomb sulfuré argentifère, manganèze, antimoine, fer pyriteux et peroxydé, etc. Au N.-E. des bains de Rennes, dans le territoire de Missègre, des carrières en exploitation fournissent des brèches violettes, du sarrancolin, et autres espèces de marbres.

Le soulèvement du mont Alaric, ou bien une faille qui a précipité les couches nummulitiques et garumniennes à 300 mètres en contre-bas, a fait affleurer aux pieds de l'escarpement et dans un espace très circonscrit, les couches paléozoïques : nous y avons observé du cuivre pyriteux et carbonaté, des cristaux de quartz limpide, et des marbres amydalins, analogues à ceux de la vallée de Campan, ou bien aux griottes de Caunes, et dont les nodules calcaires renferment des petites coquilles du genre clyménie.

Le *terrain houiller* proprement dit est très peu développé dans le Département ; on ne l'observe que dans deux localités voisines : à Ségure (près de Tuchan), et à Durban. Le premier de ces deux bassins a été traversé par des injections de magnifiques porphyres, qui se divisent en fragments polyédriques irréguliers, et dont la surface est rubigineuse. Ces roches ignées renferment des petites boules de cornaline, du quarz laiteux, et des géodes tapissées de cristaux siliceux microscopiques. La houille est sulfureuse, de mauvaise qualité, brûle sans donner du coke, et ne s'agglutine pas. La direction des couches est du nord au sud. On y rencontre, d'après M. Noguès, de nombreuses empreintes végétales (calamites, lepidodendrons, fougères, etc.).

La houille de Durban est de meilleure qualité, mais l'exploitation en est beaucoup plus difficile. C'est à cette circonstance que l'on doit attribuer l'abandon de cette mine.

Les dépôts houillers que nous venons de mentionner sont recouverts par de puissantes couches de grès rouge, de poudingues et de schistes argileux.

Roches granitiques.

Les roches granitiques, situées au midi du Département, supportent sur plusieurs points des calcaires crétacés, que leur contact, à l'état incandescent et par un phénomène de métamorphisme, a transformés en diverses espèces de marbres.

La description des roches cristallisées des Corbières et des Pyrénées-Orientales, faite par MM. Dufresnoy, Paillette, Roset et Durocher, ne laisse rien à désirer, nous renverrons donc les lecteurs de l'Annuaire aux travaux de ces géologues.

On observe également tout un grand système de roches ignées primaires (granites, gneiss, micaschistes, etc.), dans la partie nord du Département : il constitue les points les plus élevés de la Montagne-Noire, et l'on peut très bien les étudier dans les vallées de la Rougeanne, de la Dure et de l'Orbiel, à Saissac, à Brousses et à Montolieu, où l'excavation de la Dure a mis à jour leurs masses colossales. Ces roches renferment de belles tourmaline noires, des bancs subordonnés de calcaire blanc saccaroïde, et sont souvent recouvertes d'une couche de kaolin provenant de la décomposition du feldspath.

Roches pyrogènes ou ignées.

Il n'existe pas de roches volcaniques proprement dites dans le Département. Les roches de cette nature les plus voisines se trouvent dans le département de l'Hérault , et à Olot et Bésalu , près de Figuères , où elles furent signalées pour la première fois par notre illustre compatriote , l'abbé Pourret.

Les roches pyrogènes de l'Aude n'ont point surgi dans un état de fluidité assez avancé pour s'étendre à la surface du sol comme les laves proprement dites : elles ont paru à la surface dans un état pâteux , presque solide, et n'ont jamais dépassé leur centre d'éruption. L'apparition de ces roches n'a occasionné que des bouleversements locaux. C'est plus particulièrement dans l'arrondissement de Narbonne qu'on les rencontre , et presque toujours à la base des calcaires et des marnes liasiques. Leurs caractères minéralogiques sont très variés : ce sont en général des espèces de basaltes avec cristaux de Péridot , des amygdaloïdes , des basannites et des spilites passant aux wackes , et se divisant naturellement ou par le choc en parallélipipèdes irréguliers ; nous y avons observé des petites boules de talc verdâtre , des cristaux de fer oligiste , et des veines de quartz.

La petite éruption de Fitou , sur laquelle a été construite l'église de cette commune , consiste en une espèce d'eurite granitoïde à surface rubigineuse , et composée de petits cristaux de feldspath blanc et rose , de quartz , de pyroxène , d'amphibole , de mica noir et d'oxyde de fer.

Il existe, dans le seul arrondissement de Narbonne , plus de 40 centres d'éruption de ces roches ignées. Nous nous bornerons à citer Sainte-Eugénie , Lambert , les Pigeonniers , la Quille , Gléon, Durban , Castelmaure , St-Jean-de-Barrou et Villesèque ; ces dernières occupent une vaste contrée et forment des petits typhons , espèce de mamelons volcaniques qui s'élèvent comme des cones parasites au centre d'un vaste cratère.

Sur presque tous les points que nous venons de citer , les ophites forment des buttes mamelonnées, fendillées dans tous les sens. Cette circonstance s'explique naturellement par le refroidissement et le retrait de ces roches : elles sont presque toujours accompagnées de grands dépôts de chaux sulfatée , qui donnent lieu à de nombreuses exploitations. Ces gypses sont bariolés de diverses couleurs et n'offrent aucune stratification régulière ; leurs couches sont contournées de la manière la plus capricieuse et passent brusquement du blanc au rouge vif , au rouge sombre et au gris plus ou moins foncé ; on y observe de nombreux cristaux de quartz prismé et des amas de magnésie sulfatée , incolore et parfaitement limpide (Fitou). Ces dépôts gypseux doivent probablement leur origine , non pas comme on l'a dit à un phénomène de métamorphisme , mais à l'action séculaire des sources thermales qui accompagnèrent l'éruption des ophites. Nous avons recueilli à Ornaisons des blocs de cette roche , d'une belle couleur verte , et qui étaient empatés dans le dépôt gypseux : ce fait nous parait démontrer la contemporannéité des éruptions ophitiques et du sédiment abandonné par les sources thermales.

L'apparition des ophites a profondément modifié , et souvent à de grandes distances , les roches sédimentaires qui se trouvaient dans les environs ; les calcaires offrent dans ce cas une structure cristalline ou bien cariée et cellulairé ; dans d'autres circonstances, et par suite d'émanations magnésiennes , ils ont été transformés en dolomies ; enfin les grès eux mêmes sont vitrifiés , et les argiles ayant subi une haute température sont tout-à-fait méconnaissables.

Le seul but que nous ayons poursuivi , en écrivant cette notice, a été de populariser dans le Département l'étude d'une des sciences les plus utiles, les plus curieuses , les plus attrayantes , et qui est destinée , dans un prochain avenir , à donner la solution des problèmes les plus élevés. Nous avons tout lieu d'espérer que ce travail sera accueilli avec une bienveillante indulgence , par nos amis, par nos collègues et par nos maîtres.

Narbonne , avril 1868.

www.ingramcontent.com/pod-product-compliance
Ingram Content Group UK Ltd.
Pitfield, Milton Keynes, MK11 3LW, UK
UKHW022327170726
13837UKWH00005BA/2162